AF344055

MÉMOIRE

SUR

L'UTILITÉ, LA NATURE ET L'EXPLOITATION

DU

CHARBON MINÉRAL;

Par M. DE TILLY.

A PARIS,

Chez AUGUSTIN-MARTIN LOTTIN, l'Aîné,
Imprimeur-Libraire, rue S. Jacques,
près S. Yves, au Coq.

MDCCLVIII.

Avec Approbation, & Privilége du Roi.

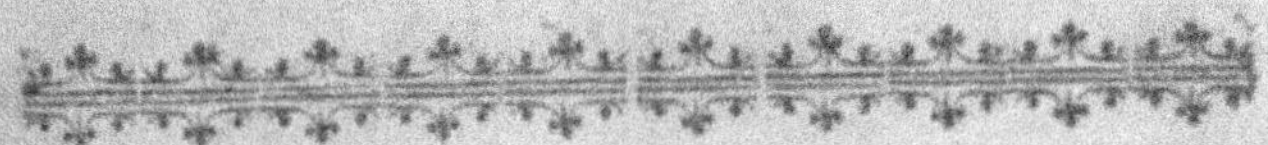

AVANT-PROPOS.

SI LES merveilles de la Nature ont été long-temps ensevelies dans les ténébres de l'ignorance , nous avons la consolation de voir que depuis environ deux siécles le cahos se débrouille. Le Philosophe dédaigne aujourd'hui les disputes de l'Ecole ; il n'applique ses recherches qu'à perçer les voiles sous lesquels la Nature semble vouloir se cacher : peu à peu il en développe les secrets ; rien n'échape à son activité. En France, le progrès dans les découvertes utiles se fait sentir avec force ; la Navigation , le Commerce , les Sciences , les Arts , les Manufactures ont atteint un haut degré de perfection ; l'émulation , nourrie & soutenue par des succès multipliés , est le mobile de ces progrès. Chaque Citoyen est animé d'une noble envie ; l'un, laborieux cultivateur, cherche sans cesse les moyens les plus propres à fertiliser la terre ; l'autre, assi-

AVANT-PROPOS.

sidu spéculateur, fournit au Royaume des avantages multipliés, par les correspondances qu'il entretient dans les endroits les plus reculés : celui-là, sage dans ses recherches, suit pas à pas la Nature, tâche d'en pénétrer les mystères ; celui ci, armé d'une intrépidité généreuse, confie au plus perfide des élémens, son corps & ses biens pour procurer à sa patrie les richesses du nouveau monde. Moins ambitieux, aussi zèlé, j'essaye de donner les moyens d'étendre une partie

des richesses que nous possé-
dons, & d'en tirer plus d'avantages. La France en effet abon-
de en Mines de Charbons : en
faciliter l'exploitation, en
étendre le produit, est, si je
ne me trompe, un des devoirs
du Citoyen, & voilà l'objet de
ce Mémoire. Le Public décide-
ra si j'ai réussi. Si le succès ne
répond pas à mes espérances,
l'envie d'être utile à ma Patrie,
sera digne au moins de quel-
qu'indulgence.

MÉMOIRE

MÉMOIRE

SUR

L'UTILITÉ, LA NATURE ET L'EXPLOITATION

DU

CHARBON MINÉRAL;

INTRODUCTION.

OUTRE l'avantage de sa situation, & la fertilité de son sol, la France renferme dans son sein des productions de toute espéce. Combien d'utiles entreprises pour la fouille des Mines, dans presque toutes ses Provinces. Quels tra-

A

vaux dignes d'admiration au can-
ton de Poullawein (*a*)! Quels ri-
ches amas de matière fur les foffes
& dans les magazins! Quel effort
de génie aux travaux du Pom-
péan (*b*)! Ces Mines étoient fur
le point d'être abandonnées : elles
avoient caufé la ruine de plufieurs
Compagnies : l'abondance des eaux
qui les inondoient , faifoit perdre
l'efpérance de pouvoir réuffir à les
épuifer. Une dépenfe de deux mil-
lions étoit perdue fans reffource.
M. Laurent , Flamand de nation ,
le plus habile Méchanicien qui ait
encore paru , fe tranfporte fur ces
Mines dont l'affiette eft dans un

______

(*a*) Mine de Plomb en baffe Bretagne.
(*b*) Mine de Plomb à une lieue de Rennes.

marais traverfé d'une petite rivière fujette à fe déborder dans les
temps pluvieux & qui noyoit alors
les foſſes. Ce fameux Ingénieur dé-
tourne cette rivière ; lui fait un lit
profond ; fe fert de ces mêmes
eaux qui ruinoient auparavant les
Ouvrages , pour épuifer les foſſes ,
& forme un étang qui fert de réfer-
voir toutes les fois que cette rivière eſt à fec. Par - tout on voit le
génie d'une Méchanique raiſon-
née , dans les machines qui fervent
à cet épuiſement. Les travaux font
repris , & l'eſpérance d'un fuccès
prochain renaît.

Le Hainault, l'Alſace, la Fran-
che-Comté & le Berry tirent des ri-
cheſſes incroyables de leurs Mines

de Fer & de leurs Forges. Combien de Mines de Cuivre & de Plomb dans le Dauphiné !

La Flandre, la Bretagne, l'Anjou, la Normandie, l'Auvergne, le Bourbonnois, &c. reſſentent les avantages que leur procurent les Mines de Charbon de Terre. Ce Minéral joint à ſon utilité particulière celle d'être moins diſpendieux dans l'exploitation. Tous les Métaux & preſque tous les Minéraux exigent après l'extraction une ou pluſieurs manœuvres.

Le Charbon de Terre extrait peut s'employer ſur le champ à la forge, aux fourneaux, aux chaudières.

Pluſieurs Naturaliſtes conſidèrent ce Minéral comme un bitume

qui a pénétré une terre argilleuse
à laquelle s'est mêlée une partie
de soufre. Cette substance inflam-
mable est d'un noir foncé ; les
parties qui la composent sont des
lames minces étroitement liées
entre elles. Sa consistance , ses
effets , sa propriété varient suivant
la profondeur d'où elle est tirée.
Cette matière a une chaleur plus
vive, & garde le feu plus longtemps
qu'aucune autre matière inflamma-
ble ; l'action du feu la réduit en
cendres ou en une masse poreuse
qu'on appelle *Mache-fer.*

Il y a deux espéces de Charbon
Minéral : la première est grasse &
compacte ; sa couleur est luisante ;
elle est lente à s'enflammer ; mais ,

lorsqu'elle l'eſt une fois, elle donne un feu vif, une flamme blanche, & jette une fumée épaiſſe : elle a la propriété de ſe coler ſur le feu, de former une croute ; & cette croute, concentrant la flamme, rend la chauffe plus prompte. Cette eſpéce, qui eſt la meilleure, eſt appellée *Charbon de pierre* : on ne parvient à cette qualité éminente de Charbon que dans la profondeur où il conſerve une portion plus conſidérable de bitume, qui le rend plus compacte & plus onctueux.

Le Charbon de la ſeconde eſpéce eſt tendre & friable, ſujet à ſe décompoſer à l'air. Il s'allume facilement ; mais ſa chaleur eſt ſi légère, qu'elle ne fait que rougir

le fer, sans le chauffer : les Forgerons n'employent ce Charbon
qu'en le mêlant avec celui de
la première espéce. On l'appelle
Charbon léger ; il est très-inférieur
au Charbon de pierre. Le Charbon
de la seconde espéce appartient
communément aux *Bouilles* (*a*).
Sa situation superficielle est cause
qu'il a perdu la partie la plus sub-
tile de bitume qui entre dans sa
composition.

Les Naturalistes ne font point

(*a*) On appelle en terme de l'art *Bouille* un
roignon de Charbon qui est enfermé dans un
éspace grand ou petit, sous des cailloux qui
n'ont point de régle, & dont la consistance n'est
pas aussi ferme que celle des Bancs qui contiennent les veines. Ce Charbon ainsi en bouille,
ne se fait jamais en fond.

d'accord fur la formation & la nature du Charbon Minéral. » Les
» uns le confidèrent comme une
» matière créée de toute éternité :
» d'autres veulent qu'il n'ait pris
» la forme que nous lui voyons que
» par fucceffion de tems. Ils croient
» que le Charbon Minéral n'eft
» autre chofe que du bois décom-
» pofé , & changé en limon im-
» prégné de vertus vitrioliques (a).

Scheuchzer regarde le Charbon
Minéral comme un affemblage de
limon, de bitume, de pétrole, de
foufre , de vitriol & de bois qui
ont fait maffe après s'être durcis
avec le temps (b).

» D'autres Naturaliftes croient

(a) *Dictionnaire Encyclopedique.*
(a) *Scheuchzer.*

» que ce Minéral eſt un bitume
» mêlé avec de la terre, qui a été
» cuit & durci par l'action du feu
» central (*a*).

Suivant Wallérius, ſçavant Mi-
néralogiſte Suédois, » le Charbon
» Minéral eſt un mélange d'huile
» de pétrole ou de naphte, avec
» de la marne ou du limon que
» les temps ont durci & ont formé
» en couche de Charbon, après
» qu'une vapeur ſulphureuſe paſſa-
» gère eſt venue s'y joindre « (*b*).

On a trouvé en Franconie près
de Guinsbourg, » une eſpéce de
» Charbon Minéral, compoſé de
» filamens paralléles les uns aux

(*a*) *Dict. Encycloped.*
(*b*) *Minéralogie de Wallérius.*

» autres comme ceux du bois : lorf-
» qu'on caffoit ce Charbon , la
» fracture étoit luifante comme du
» jayet (*a*).

Dans des couches d'argile vi-
triolique , au duché de Wirtem-
berg près du couvent de Lorch ,
il s'eft trouvé du Charbon Minéral qui , par l'arrangement de fes
fibres , doit fon origine à du bois
de hêtre (*b*).

En Allemagne , dans le comté
de Naffau , on a découvert de puis
quelque années , du bois foffile. Il
eft arrangé dans la terre par couches , & ces couches ont la même

(*a*) *Stedler.*
(*b*) *Selecta phyfico-œconomica* , vol. I. pag.
442.

direction que celles du Charbon
Minéral ; c'est-à-dire que ces couches sont inclinées à l'horizon. « A
» la surface de la terre, il se présen-
» te un vrai bois résineux, assez sem-
» blable à celui du Gayac , & qui
» n'est pas de notre continent. Plus
» on fonce en terre, plus on trouve
» ce bois décomposé : il est friable,
» feuilleté & d'une consistance
» terreuse. Sous ce bois décompo-
» sé on trouve du vrai Charbon
» Minéral. L'auteur pense qu'il y a
» tout lieu de croire que , par des
» révolutions arrivées à notre glo-
» be dans les temps les plus recu-
» lés , des forêts entières de bois
» résineux ont été englouties & en-
« sevelies dans le sein de la terre ;

» où, peu à peu & au bout de plu-
» sieurs siécles, le bois, après avoir
» souffert une décomposition, s'est
« changé ou en un limon, ou en
» une pierre qui ont été pénétrés
» par la matière résineuse que le
» bois lui-même contenoit avant
» sa décomposition « (*a*).

Quelle que soit la Nature du Charbon Minéral ; qu'il appartienne au bois, ou que cette matière soit une terre argilleuse pénétrée de soufre & de bitume, son importance augmente tous les jours, & on en connoît de plus en plus la nécessité.

Les veines de ce Minéral diffèrent pour la profondeur dans bien

______
(*a*) *Dict. Encycloped.*

des Provinces. Dans le Hainault François, aux villages de Fresnes, Condé, Anzin, &c. elles se trouvent distantes de la surface du sol de 30 à 34 toises, & fort inclinées à l'horison : le Prince de Croy, le Marquis de Cernay & le Vicomte Desandrouin, exploitent ces Mines ; ils ont établi, pour l'épuisement des eaux, plusieurs machines à feu.

Dans le Bourbonnois, au village de Feins, les veines se montent presqu'au jour à 2, 3 & 4 toises ; elles sont peu inclinées. M. Pluyette controleur des Bâtimens du Roi & Compagnie, travaillent ces veines. Pour faciliter l'exportation de leur Charbon, ils ont fait faire un chemin de la Mine à Moulins , qui leur coute près de 50 mille livres.

Dans le Forez , les veines sont au jour à 2 & 3 pieds de la surface ; elles sont presque toutes plattes en superficie : il n'y a point de Compagnie formée pour leur exploitation , & le Charbon se conserve pour l'entretien des Manufactures d'Armes. Le Boulonnois , Desise dans le Nivernois , le Rouergue , sont dans le même cas que le Forez.

A Carmeaux, dans l'Albigeois, le Charbon se trouve de 2 à 300 pieds ; il fait sa plateur à 400 : le chevalier de Solages a obtenu une concession pour cet endroit.

En Bourgogne , entre Beaune &

Autun , le Charbon se monte à 4
pieds de la surface ; il est plat & de
bonne qualité : le Conseil à accor-
dé une concession à M. de Cler-
mont-Tonnerre pour l'exploiter.

Dans l'Anjou, aux Bourgs de S.
Georges , Chanteloison & Con-
courson , les veines sont près de la
surface à 2 , 3 & 4 toises ; elles
sont presque verticales. Il y a une
Compagnie sous le nom de *Bacot
de la Brétonniere* ; il y a plusieurs
Machines à moulettes pour l'extraction de la matière & pour l'épuisement des eaux : cette Compagnie
a eu le dessein de rendre le Layon
navigable. Cette petite rivière, qui
prend sa source dans les étangs de
Passavant , frontière du Poitou , se

jette dans la Loire au-dessus de Chalonne. Il seroit à souhaiter que ce dessein eût été exécuté, ou qu'il le fût par la suite.

Dans la même Province, dans les Paroisses de S. Aubin de Luigné, Chalonne, Chaudefont & Mont-Jean, les veines sont semblables à celles de S. Georges ; il s'en trouve quelques unes d'inclinées foiblement ; il y a deux Compagnies, l'une sous le nom de *Bault* négociant à Angers, l'autre sous celui du *Baron de Mont-Jean.* Ces Compagnies jusqu'ici n'ont travaillé qu'à l'épuisement des eaux qui noyoient les veines par la mauvaise manœuvre des Propriétaires du pays, avec des machines à mou-

lette

lette, par le moyen des aqueducs ou tranchées.

En Bretagne, au bourg de la Chapelle de Montrelais, les veines tiennent la même direction que celles de l'Anjou. M. le Duc de Chaulnes & M. le Comte d'Hérouville n'ont rien épargné pour mettre en valeur ces Mines. Ils ont établi une machine à feu comme celles de Flandre.

A Nort, dans le même pays, le Charbon se trouve à la même distance de la surface, & ne fait sa plateur, ainsi qu'à la Chapelle & dans l'Anjou, qu'au dessous de 700 pieds. Le Concessionnaire s'appelle *Jary*, Négociant de Nantes.

A Litry, en basse Normandie,

les veines sont également à 3 & 4
pieds de la surface, font leur plateur à 400 pieds, & ensuite font
leur relevage. M. le Marquis de
Basleroy a formé une Compagnie pour mettre en exploitation
cette Mine ; il y a une Machine à
feu.

Cette proximité des veines de
la surface de la Terre, & le peu
d'attention que l'on faisoit alors sur
cette matière, ont donné lieu à cette multitude de fouilles & d'exca-
vations que les Particuliers Propriétaires ont faites pendant un
trop long-temps. La liberté indéfi-
nie qu'ils croyoient avoir, par droit
de propriété, d'extraire ce Minéral
sur leur terrein, a produit une

quantité d'exploitations défectueu-
ses, qui, si on n'y eut mis ordre,
eussent entrainé infailliblement
pour toujours la perte de cette
matière prétieuse, par l'impossibili-
té d'en reprendre les fouilles. Ces
Propriétaires traitoient avec des
Paysans, moyennant la rétribution
du quart franc. Ces gens sans expérience arrachoient çà & là la
tête des veines dans les endroits
les plus aisés & les plus avantageux ; ils faisoient sans frais cette
sorte d'exploitation irrégulière &
bizarre, & l'abandonnoient, à la
moindre difficulté ; parce que,
s'ils avoient fait une dépense proportionnée aux obstacles qui se ren-
controient, le produit eût à peine

suffi pour acquitter la rétribution du quart qu'ils payoient aux Propriétaires. Ils menoient cette mauvaife exploitation jufqu'à la profondeur de 10 à 12 toifes ; & ont ruiné pour toujours les trois quarts des Mines.

Cette mauvaife manœuvre a fait croire pendant long-temps, que le Royaume ne contenoit que peu ou point de bonne houille : la médiocre qualité du Charbon de Terre de ces temps foutenoit cette opinion ; & cette erreur étoit caufe que le Confeil voyoit tranquillement l'Etranger emporter tous les ans des fommes immenfes, provenantes de la vente de fes Charbons; inconyénient dangereux qu'on auroit pu prévenir, en s'instruisant mieux.

Le bon Charbon Minéral existoit cependant, mais comme un trésor caché dont on ne connoît l'importance que quand on l'a trouvé. La manière, dont les Propriétaires des terreins où se trouvoient ces Mines, les faisoient fouiller, ne procuroit que des effleuremens partagés d'une légère substance du Charbon Minéral, & laissoit dans les fonds celui de la meilleure qualité.

Quelle perte la France ne seroit-elle pas, si, contenant dans son sein une matière si utile & si nécessaire, elle en perdoit les avantages, ne pouvant l'extraire par les suites d'une manœuvre déréglée!

Le Ministère, que des occupations multipliées avoient arrêté jusqu'ici, a prévenu sagement ces inconvéniens. Il a pris de justes mesures pour tirer du Charbon de Terre tout l'avantage qu'il pouvoit procurer. Un Réglement utile, disposé par l'Expérience & par l'Art, des concessions accordées dans presque toutes les Provinces qui contiennent ce Minéral, sont les moyens surs & solides qu'il a embrassés, pour parvenir à en exploiter utilement les Mines, & pour fournir à la consommation qui s'augmente dans tout le Royaume.

Les bois s'abbatent : on fait peu

de nouvelles plantations, & les jeunes plants ne pourront de long-temps remplacer ces Forests qui diminuent tous les jours. Le Charbon de Terre peut seul suppléer au défaut du bois. Il est non seulement important pour les Forgerons, parce qu'il coute beaucoup moins que le Charbon de Bois, & dure plus long-temps sur le feu.

Les Verreries connoissent tout l'avantage du Charbon de Terre : combien de bois ne consomme-roient-elles pas, si elles n'en avoient l'usage ? Ce minéral seroit également propre pour le verre blanc ; la Crystallerie de Londres est chauffée avec le Charbon de Terre ; la fonte s'en fait avec plus de célérité, & moins de dépense qu'avec le bois.

De quelles ressources n'est-il pas dans les Raffineries ? Il épargne au Raffineur des frais considérables qu'exigeroit la consommation du bois ; & les cuites se font avec plus de promptitude par l'opération de ce Minéral.

La Flandre se sert du Charbon de Terre pour cuire ses Bierres. Ses heureux Habitans s'en servent dans les saisons où l'intempérie de l'air se fait sentir avec plus de ri- gueur. Bien-tôt la France entiere sera obligée de l'imiter.

Les Briques & la Chaux se fa- briquent à moins de frais avec le Charbon de Terre, dans plusieurs

Provinces du Royaume, singuliè-
rement en Anjou, en Normandie,
dans le Hainault; on s'en sert avec
utilité pour ces cuissons. On ne
finiroit pas, si on faisoit un détail
de toutes les propriétés de ce Minéral. Les Savonneries, les Fon-
deries de réverbère, &c. peuvent
l'employer avec profit. Les Tein-
turiers en couleur ordinaire se ser-
viroient de ce Minéral avec beaucoup d'avantage ; on pourroit même l'employer pour la Teinture
d'écarlate, s'il étoit possible d'empêcher la fumée de se rabbattre sur
la Chaudière, lorsqu'il fait du vent ;
cette fumée dépose des petites
particules noires qui gâtent la
Teinture ; on pourroit même s'en

servir comme du Charbon de Bois dans les forges à fer, pour la fonte de la Mine, en le dépouillant de son souffre ; ce que l'on pratique en Angleterre avec avantage : on fait sous un monceau de Charbon une voûte capable de contenir assez de bois pour allumer ce Charbon. Ses souffres se dissipent par la fumée épaisse qu'il repand ; & lorsqu'il y a assez de temps que le feu y est, on le couvre exactement, ainsi que l'on fait pour le Charbon de Bois, & on étouffe le feu. Ce Charbon, ainsi préparé, se nomme *Coucke*, & peut tenir lieu de bois dans les forges, & en épargner la consommation.

Aujourd'hui que les connois-

sances sont développées, l'exploitation des Mines se fait avec plus
d'art & plus d'utilité : le Mineur
pénétre dans le sein de la terre, au
delà de cent toises ; il y conduit
l'air facilement ; il en est maître
dans cette profondeur. Il détour-
ne les sources qui viennent inon-
der son ouvrage ; il perce le rocher
le plus dur ; il surmonte tous les
obstacles qui s'opposent à son ar-
deur. Le Ministère, tenant exactement la main à ce que l'exploitation du Charbon de Terre se fasse
utilement, ne doit plus craindre
que l'Etat manque jamais de ce
Minéral.

Je diviserai ce *Traité sur l'exploitation du Charbon de Terre* en deux parties. Dans la première, je traiterai de la *Manœuvre éxtérieure*; dans la seconde, je tâcherai de développer la *Manœuvre intérieure.*

PREMIERE PARTIE.

De la Manœuvre extérieure.

DE TOUS les Métaux, de presque tous les Minéraux, le Charbon de Terre est la Matière dont l'exploitation est la moins dispendieuse. Ses veines sont interrompues par des Crins (*a*) ; les eaux les noyent fréquemment ; les rochers les plus opiniâtres s'opposent très-souvent à la découverte des filons : ces accidents sont communs au Charbon de Terre, & aux autres Minéraux ; mais on s'en sert si-tôt après l'ex-

(*a*) On appelle *Crin* une interruption ou étranglement de la veine, occasionné par l'approche du banc de pierre supérieur avec le banc inférieur.

traction, c'est une propriété qui lui est singulière, & qui rend son exploitation moins onéreuse.

Pour exploiter utilement le Charbon Minéral, il faut réunir à des fonds considérables, les talens dans la conduite de la Manœuvre extérieure, & de la Manœuvre intérieure.

La Manœuvre extérieure se réduit à la recherche des veines & à leur connoissance, à la science de les attaquer avantageusement, & de donner aux fosses que l'on ouvre sur ces veines une assiette solide; elle comprend la connoissance des différents bois propres à l'usage des Mines, le détail œconomique de toutes les denrées nécessaires à l'exploitation ; elle renferme la connoissance des outils de toute espéce qu'on employe sur les travaux, enfin l'intelligence dans les machines qui servent à l'extraction de la matière & à l'épuisement des eaux.

CHAPITRE I.

Des Veines, de leur recherche, & de leur connoissance.

LA CONNOISSANCE du Minéral est une des parties essentielles à la bonne exploitation : je veux dire qu'il faut connoître certainement le Minéral par lui-même, & toutes les matières environnantes.

Les veines de Charbon de Terre se divisent en obliques & perpendiculaires. Leur Pondage (*a*) est toujours au midi, & leur Allure (*b*) de l'Est à l'Ouest ; quelquefois il se trouve des veines dont l'Allure va du midi au nord, mais cette marche se dément dans la profondeur ; elles reprennent toujours celle du levant au couchant.

Ce Minéral a des signes communs avec bien des Métaux & des Minéraux. Son voisinage est souvent rempli de pierres chargées d'empreintes : dans les chaleurs de l'été, les lieux où il se trouve

(*a*) Le *Pondage*, est l'inclinaison de la veine.
(*b*) L'*Allure* est la marche de la veine.

sont

font fujets à des vapeurs très-ful-
phureufes ; les racines des végé-
taux qui croiffent au-deffus de fes
veines font imprégnées de bitume.
Faites brûler de ces racines , l'o-
deur forte qu'elles exhaleront ,
vous en donnera la certitude. Les
fignes qui lui font propres fe con-
noiffent par les eaux qui s'écou-
lent des côteaux , dans le voifina-
ge defquels fe trouve le Charbon
Minéral : elles font ordinairement
chargées d'une efpéce de rouille ,
ou d'une ochre jaune. Si vous les
faites évaporer felon M. Triewald,
& que le fédiment qui refte au fond
du vaiffeau foit de couleur noire ,
il eft conftant que ces eaux ont fil-
tré à travers ce Minéral. La Mi-

C

ne de fer est souvent un indice qui lui est particulier. Le Charbon de Terre qu'on exploite à Litry, province de Normandie, diocèse de Bayeux, a été découvert sous un lit de Mine de fer.

Dans presque toutes les provinces du Royaume, les veines de ce Minéral se trouvent à la distance du sol à 2, 3 & 4 toises. Le Haynaut François est presque le seul pays qui soit excepté; elles ne s'y trouvent qu'à 30 & 34 toises.

Dans les endroits où elles se montent presqu'à la surface de la Terre, elles s'affleurent au jour. Cet affleurement est une terre noire légèrement infflammable, & très-souvent mêlée avec de l'argile ; c'eſt l'indice le plus ſûr. Il deſcend preſque toujours ſur la veine ; lorſqu'il n'y deſcend pas, on appelle cet indice *affleurement volant.*

Pour ſçavoir à quelle diſtance eſt le filon, on peut ſe ſervir utilement de la ſonde ; pour la conduire à 20 toiſes au moins, il ne faudroit que faire les verges plus fortes du double qu'elles ne ſont ; on éviteroit avec cet inſtrument les frais des puits de ſonde, qui peuvent être conſidérables & ſouvent ſans utilité.

L'attention principale du Mineur, doit être de connoître exactement les matières qui environnent le Charbon de Terre, ſoit le toit ou la muraille (*a*) ; foit les cloux qui font renfermés dans les veines ; c'eft une efpéce de cailloux ronds ou ovales , dont le grain eft fi compacte & fi uni , qu'il eft très-difficile de les entamer avec les outils ordinaires. Ce caillou fe décompofe facilement à l'air , & contient quelquefois dans fon centre une eau claire ou une efpéce d'ochre ; prefque toujours il eft plein. Il faut que le Mineur s'applique à la connoiffance des différentes couches de terre qui couvrent les bancs de pierre qu'il faut traverfer ; à celle de la

---

(*a*) On appelle *toit* le banc du rocher qu couvre la veine , & celui fur lequel elle eft affife s'appelle *muraille*.

couleur de ces terres , de l'épaiffeur des bancs & de leurs grains.
Ces connoiffances font toujours
néceffaires dans la fuite de l'exploitation.

Les veines réglées du Charbon
fe plongent toutes en fond jufqu'à
leur plateur , & enfuite fe relé-
vent. Les plateurs fe trouvent ordinairement entre 3 & 400 pieds.
Il y a des veines qui ne font cette
plateur qu'au-deffous de 700 pieds.
Les perpendiculaires font fujettes
à les faire dans une plus grande profondeur. Lorfqu'elles font prêtes à
faire leur plateur, elles deviennent
obliques peu à peu. Ces veines ne
s'exploitent pas avec la même facilité que les obliques, on les appelle

en termes de l'Art *Droiture*. Celles-
ci joignent à la facilité de leur exploitation , l'avantage de faire plus
promptement leur plateur ; lorsque
l'on en approche , l'inclinaison des
veines augmente ; ce qu'on peut
observer en prenant de temps en
temps la dépente de la veine. Les
plateurs produisent une abondante
extraction ; le Charbon Minéral est
dans son éminente qualité ; l'exploitation s'en fait avec un avantage réel.

CHAPITRE II.
De l'Attaque des Veines, & de la solidité des Fosses.

IL EST nécessaire d'apporter une grande prudence & une attention singulière dans l'administration de l'exploitation, & dans la distribution de l'ouvrage ; une attaque faite mal à propos jette dans des frais qu'on ne peut plus réparer.

Lorsqu'on a découvert une veine de Charbon, il faut l'attaquer de manière que l'extraction s'en fasse sans être obligé de multiplier les fosses ; une fosse d'extraction, une cheminée ou fosse d'airage, font suffisantes pour l'exploitation d'une veine , fi elle n'eft point aqueufe , lorfque le travail intérieur eft dirigé avec prudence. Vous donnez à votre foffe d'extraction au plus 7 pieds de longueur fur 5 ou 6 de largeur, & vos étréfillons (*a*) auront 6 à 7 pouces d'équariffage. Votre foffe d'air aura 4 ou 5 pieds de long fur 3 ou 4 de large ; fes bois auront 4 à 5 pieds.

On conferve la foffe d'extraction par des étais folides , en obfervant de ne la pas fatiguer par une exploitation déréglée. Plus il y a de foffes ouvertes fur une veine, plus l'exploitation de cette veine devient difficile. L'abondan-

(*a*) *Etréfillon* eft le bois qui foutient les terres.

ce des eaux que ces ouvertures multipliées ne manquent pas de procurer la noye. Les terres font ébranlées par les fardeaux que ces différentes ouvertures occafion- nent , & l'exploitation eft plus dangereufe ; les fuites de cette ex- ploitation déréglée , privent fure- ment le Mineur du fruit le plus certain, puifqu'il ne peut plus ar- river jufqu'à la plateur de la vei- ne ; ce qui doit être abfolument fon objet.

Si la difpofition du terrein permet d'attaquer une veine par le pied , en ouvrant une tranchée , ou gale- rie, il ne faut pas manquer cet avan- tage. Ces galeries épargnent des frais immenfes ; elles facilitent l'épuiſement des eaux , & procurent une extraction plus vive & moins diſpendieuſe. Une foſſe en cheminée ſur le haut du côteau eſt ſuffiſante pour la communication de l'air , & on fait ſortir ſans frais le Charbon par les galeries de pied.

Ces galeries ont une profondeur proportionnée à l'éloignement de la veine ; & lorſqu'on l'a rencontrée on fait une chambre (*a*) & on ouvre ſur la veine un défoncement ou puits ſouterrein.

Dans le cas où la diſpoſition du terrein ne permet pas l'ouverture des tranchées , & où la veine eſt a-

---

(*a*) *Chambre* , eſt un eſpace de 15 à 20 pieds en quarré au milieu duquel on fait l'ouverture du puits ſouterrein.

queuſe ou déja noyée, il faut pour prévenir l'incommodité des eaux dans la foſſe d'extraction, ouvrir ſur le pied de la veine une foſſe perpendiculaire, où toutes les eaux ſe rendent. Sur cette foſſe on peut établir une machine à moulette; la plus ſimple machine eſt toujours la meilleure. Elle coute moins de façon, moins d'entretien : que deux bons chevaux y ſoient attelés, il n'y a pas d'eaux empotées qui réſiſtent à leur travail.

Si la veine eſt ſéche ou donne peu d'eau, on peut ouvrir une foſſe ſur la tête de la veine & ſuivre ſon pondage avec cette foſſe. On appelle ces foſſes *Deſcenderies*, parce qu'elles ſuivent l'inclinaiſon

de la veine. Cette foſſe aura 5 pieds
ſur 4, & ſera étréſillonnée de bois
de 4 pouces, ſi le terrein eſt bon.

CHAPITRE III.

Des Bois & des Denrées néceſſaires à l'Exploitation.

SECTION PREMIERE.
Des Bois.

L'ETAI ſolide des foſſes & des
galeries eſt d'une néceſſité abſolue
pour la durée, ainſi que pour la
ſureté de l'exploitation. De tous
les bois, celui de chêne doit être
préféré, pour faire le revêtiſſe-
ment des foſſes & des galeries. Il
faut le faire équarir au moins ſur

deux faces ; son épaisseur doit être
proportionnée à la grandeur des
fosses , ou à la nature du terrein.
Comme cette denrée est la plus
chère , il est naturel de veiller
avec attention à ce qu'elle soit
débitée de manière que le déchet
en soit moindre. Il faut prendre
garde que le bois propre à faire
des croisures & des étançons , ne
soit pas employé à faire des lattes.
On nomme *croisure* , un quarré
long qui a ses côtés opposés égaux
entre eux. Ce chassis sert à retenir
les terres des fosses. Les côtés qui
étayent sur la longueur s'appellent
Bois , & ceux qui étayent sur la
largeur s'appellent *Billes.* En faisant ces quarrés longs , le Char-

pentier doit avoir soin de ménager les entre-tailles , pour faire des coins; ces coins servent à serrer les croisures , les étançons & les lattes. Les étançons sont deux poteaux dont l'épaisseur est déterminée suivant la nature du toit & de la muraille de la veine; ces poteaux sont surmontés d'un bois traversal , qu'on appelle *Chapeau.*

On peut employer le bois de saule ou de léard (*a*) à faire des lattes qui servent à retenir les terres , lorsqu'elles sont fascinées avec de la ramure. On peut encore pour ménager le bois de chêne , s'en servir à faire des planches propres aux planchages des

(*a*) *Léard ,* c'est le peuplier.

foſſes , & à les coulanter. Le plan-
chage eſt un pont qui ſert à communiquer de la foſſe aux galeries.
Coulanter, c'eſt garnir les foſſes
de planches d'une ou deux pouces
d'épaiſſeur , pour faciliter la montée & la deſcente des tonnes : les
planches qui ſervent à cette manœuvre s'appellent *Coulantes.*

On a quelquefois imaginé que
la cherté du bois de chêne de-
voit faire préférer le bois blanc
dans l'exploitation des Mines. Si
une foſſe ne duroit qu'une année ou
deux tout au plus , il n'y auroit
pas d'inconvénient de ſe ſervir du
bois blanc ; il pourroit ſoutenir
les terres à peu près cette eſpace
de temps. Mais comme les foſſes

établies sur des veines réglées doivent raisonnablement durer dix ou douze années, quelquefois même vingt; il est de l'intérêt de tout Entrepreneur de n'employer dans ces revêtissemens que le bois de chêne. Les réparations fréquentes qu'exigeroit le bois blanc, les accidents qui en résulteroient, tripleroient la dépense du bois de chêne; toutes les espéces de bois blanc étant cassantes ou sujettes à se pourrir facilement; enfin la solidité de l'Ouvrage, la vie de l'Ouvrier dependent absolument de la bonté de l'étrésillonnement, & il est toujours avantageux d'avoir sur un attelier un ou deux Charpentiers, qui soient au fait de travailler les bois

bois de Mines. Si le bois de chêne venoit à manquer ſur mes travaux, je ne ferois nulle difficulté de conſtruire mes foſſes en briques, ſurtout celles de l'extraction & de l'épuiſement des eaux. La facilité d'avoir cette denrée ſur toutes les Mines de Charbon, feroit qu'on ne s'appercevroit pas de la diſette du bois de chêne.

SECTION DEUXIÉME.

Du Fer & des Outils différents, à quoi ils ſont employés.

L'EXPLOITATION des Mines conſomme une grande quantité de fer & d'acier, ſoit pour les ou-

tils tranchants , les outils à pointe , &c. & les cloux ; soit pour les
ferrures des machines de toute
espéce , tonnes & panniers (*a*) ,
&c. On doit veiller avec une attention scrupuleuse à l'emploi que
le Forgeron fait de ces matières.
Autant qu'il est possible, on doit lui
donner un poids déterminé de fer
& d'acier ; & , lorsqu'il les a em-
ployés , il doit remettre les outils
qu'il en a fabriqués entre les mains
du Commis chargé de ce détail ;
ensorte que l'entrée & la sortie de
fer du magazin à la forge soient

(*a*) On appelle *Pannier* , un bacicot oval
armé de 4 cercles de fer & de 4 chaînes avec
leurs boucles. Ce pannier sert à l'extraction de
la pietre ou du Charbon.

égales à l'entrée & à la sortie de la forge au magazin.

Pour empêcher que les outils ne soient perdus ou volés par les Ouvriers (ce qui causeroit une perte considérable aux Entrepreneurs) il est bon de donner à chaque Mineur deux marteaux à veine , & un marteau coupant marqués à son nom. Lorsque cet homme se retirera , il sera obligé de représenter ses outils , ou de les payer. Si dans l'Ouvrage ses outils se cassent , il doit en rapporter les morceaux , pour en avoir d'autres.

On distribuera sur chaque Attelier, une scie, une herminette & trois coins à fendre le bois , six marteaux à cailloux , deux grosses masses, deux petites à battre Mine, six fleurets, deux bouroirs, deux curettes, deux espinglettes, six aiguilles à cailloux, six aiguilles à veines, deux haverets, huit escoupes, dont deux resteront sur la fosse, & deux pinces. Tous ces outils seront portés sur le compte de l'Attelier, ensorte que, s'il s'en perd quelques-uns, le Commis de fosse & l'Attelier en répondront.

On aura soin de faire à la fin de chaque mois une visite de tous les outils, pour réparer ceux qui seroient en mauvais état & pour en vérifier le compte.

La sonde, dont j'ai parlé dans le Chapitre I, sert à la découverte des veines : c'est un Instrument

d'une grandeur déterminée, à plufieurs verges qui fe montent les
unes fur les autres par des écrous
& des vis. Au bout de cet Inftrument on met un fleuret qui fert
lorfqu'on rencontre le rocher, où
on met une languette pour les terres ; de temps en temps on retire la
fonde, & on met à la place de la
languette une cuillier pour recon-
noître les terres que l'on traverfe.

Le marteau coupant eft un ha-
chereau avec une tête.

Le marteau à veine eft une efpéce de pic droit à deux pointes fort
affilées. Ce marteau eft employé
à la terre & au Charbon : le haveret eft un petit pic à une feule
pointe très-affilée ; on s'en fert

pour entailler la veine d'environ un pied & demi ou deux.

L'aiguille à veine est une espéce de coin à 4 pans, dont deux sont plus plats que les autres ; elle à 18 à 20 pouces de long ; cet outil acheve l'entaille que le haveret a commencée.

Le marteau à cailloux est de la même forme que le marteau à veine ; ses pointes sont plus fortes ; il sert à entamer les bancs de rocher qui se rencontrent dans l'exploitation d'une fosse ou d'une galerie.

L'aiguille à cailloux se termine de la même façon que l'aiguille à veine ; ses quatre pans sont égaux ; elle a 6 à 8 pouces de longueur, sa pointe est très-aigue : elle sert à forcer le rocher deja entamé par le marteau à pointe ; on la chaſſe avec une groſſe maſſe de fer.

Le fleuret eſt un outil de la longueur de deux pieds ou environ, d'un pouce de diamétre ; le bout eſt plat & tranchant ; il ſert à percer le rocher en rond, lorſque le marteau à pointe ni l'aiguille ne peuvent le vaincre : on bat le fleuret avec une petite maſſe ; on introduit dans le trou qu'il a fait une cartouche, & on fait partir le rocher avec la poudre.

La curette eſt une eſpéce de petite cuiller dont ſe ſert le Mineur pour nettoyer ſon trou de Mine à meſure qu'il l'avance avec le fleuret.

Le bouroir eſt un outil de la groſſeur & de la longeur du fleuret; il a une crénelure juſqu'à la moitié de ſa longeur; cet outil ſert à bourer la Mine.

L'eſpinglette eſt une pointe extrêmement aigue qui ſert à conſerver la lumière de la Mine.

L'eſcoupe eſt une pelle de fer large par le haut, étroite du bas, & ſe terminant en rond.

SECTION TROISIÉME.

Des Cloux, de la Chandelle, du Foin, &c.

L'ENTREPRENEUR trouve un avantage ſingulier à faire fabriquer dans la forge tous les cloux dont

il a befoin dans fon exploitation ;
il n'eft pas douteux que cette denrée, dont la confommation eft in-
croyable, ne coute beaucoup plus
de cette manière qu'en l'ache-
tant des Cloutiers. Mais comme
ces Ouvriers employent le fer le
moins cher pour la fabrication de
cette denrée, il eft ordinaire que
les cloux qu'ils vendent font aigres
& caffants ; enforte que, quand un
Ouvrier veut s'en fervir, ces cloux
caffent fous fon marteau, il perd
fon temps & le cloux. Ce qui n'arrive pas, lorfqu'on les fait fabriquer fur l'Attelier ; le fer qu'on a
foin de choifir ne donne que des
cloux doux ; &, s'il s'en perd, c'eft
la faute de l'Ouvrier qui les em-

ploye. De manière qu'en évitant là perte du cloux & du temps de l'Ouvrier, on retrouve & par-delà l'excédent de ce qu'il coute en le fabriquant dans sa forge.

La chandelle demande un soin pour le moins aussi vigilant que celui qu'exigent les denrées dont je viens de parler : quelquefois on a voulu se servir d'huile au lieu de chandelle, mais cette matière fluide est sujette à trop d'inconvénients. Un Ouvrier mal adroit peut jetter sa lampe à bas ; une pierre peut occasionner sa chute, l'huile est répandue & perdue sans ressource ; on ne court pas ces risques avec la chandelle. Il faut seulement veiller à ce que l'Ouvrier

n'en confomme pas plus qu'il eft
néceffaire ; on en diftribuera deux
pour la journée de chaque Mineur,
quand l'air fera en équilibre ; car
lorfqu'il ne joue pas librement,
on ne fçauroit fixer le nombre de
chandelles; les différentes pofitions
où l'Ouvrier eft obligé de mettre fa
lumière la confomment beaucoup
plus vîte. Cette chandelle fera de
quatorze à la livre , & on prendra
la précaution de faire faire dans
l'hyver la confommation de l'été.

Le foin , l'avoine & la paille
doivent fe diftribuer aux Valets
d'ecurie avec autant d'œconomie.
On veillera très-attentivement à ce
que les chevaux foient frottés &
étrillés chaque fois qu'ils revien-

dront de l'ouvrage. Enfin il n'y a point de détails si petits où ne doivent entrer l'Entrepreneur & ses Commis. Tout devient d'une conséquence singulière dans l'exploitation par une répétition continuelle.

CHAPITRE IV.

Des Bouriquets & Machines.

ON SE sert communément pour l'extraction des fosses, de bouriquets. C'est un cylindre de bois (le frêne est le bois le meilleur pour les bouriquets); ce cylindre est armé de deux branches de fer courbées. On monte ce cylindre sur deux montans de bois de chê-

ne qu'on appelle *Eftaches* ; c'eft fur
ce cylindre que file le cable.

On doit préférer les petits ca-
bles aux gros ; ceux-ci chargent
par leur poids & exigent un ou
deux hommes de plus fur chaque
foffe , les petits au contraire font
légers , fe dévident avec plus de
facilité fur le cylindre , & durent
pour le moins autant que les gros.
En Flandre , en Bretagne & en
Normandie on fe fert de chaînes
fur les Machines : ces chaînes coutent beaucoup de fabrication &
font d'un poids énorme ; elles
fatiguent extraordinairement les
chevaux. Sans en blâmer l'ufage ,
je ne m'en fervirois jamais ; elles
font fujettes à trop d'accidents ,
qu'on ne peut prévoir ; une chaîne

toute neuve sortant de la forge peut casser ; un cable vieux avertit de sa vétusté par les différens brins qui se lâchent.

Lorsqu'on veut extraire avec plus de rapidité, & épuiser les eaux avec plus de vigueur, on établit sur les fosses des Machines à moulettes ; les plus simples sont les meilleures. (*Voyez la* Fig. I.) Elles consistent en deux montants de 18 à 20 pieds de hauteur, traversés par une piéce de bois au milieu de laquelle est assujettie une fusée ou cylindre perpendiculaire ; au bas de l'arbre de la fusée, il y a deux traverses pour atteler deux chevaux. Le cable qui se dévide sur ce cylindre répond à deux moulettes ou poulies qui sont ajustées sur à pag. 62.

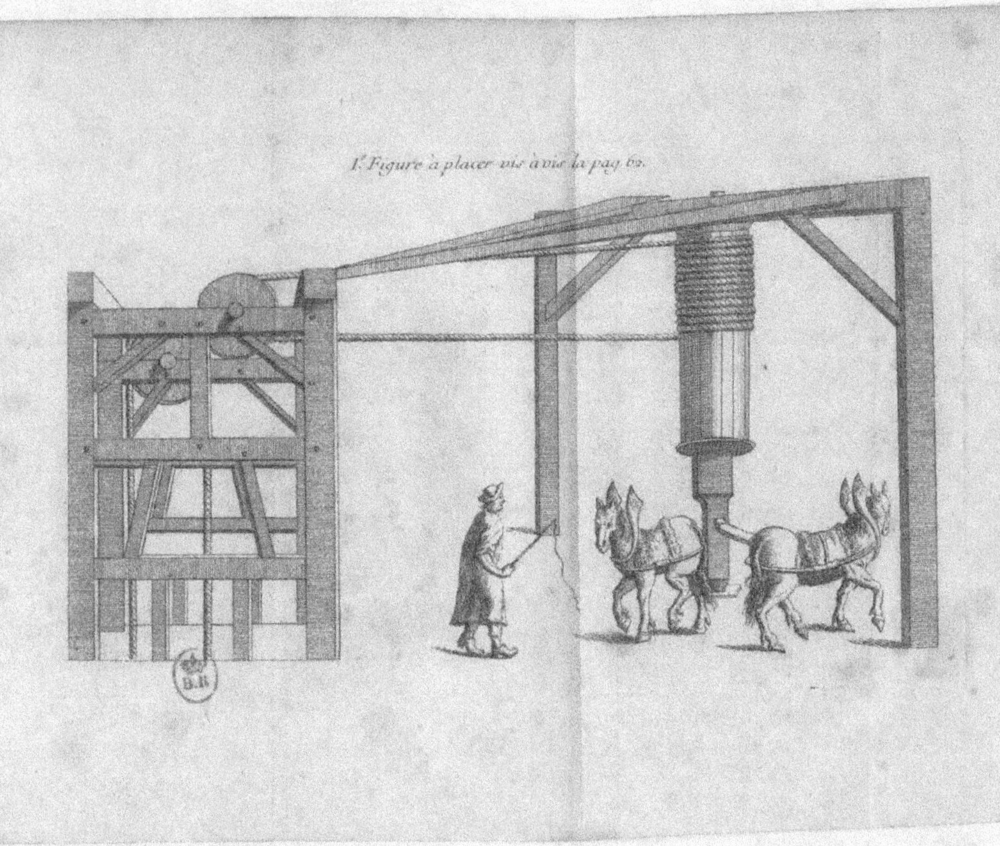

1.ᵉ Figure à placer vis à vis la pag. 62.

un chaffis placé fur l'ouverture de
la foffe ; fur le haut du chaffis, il
y a deux piéces de bois attachées
avec des boulons & clavettes qui
fe rendent fur la traverfe fur laquelle joue le cylindre. Ces machines
font légères, coutent peu de frais
& d'entretien. Les foffes fur lef-
quelles on veut les établir, doivent avoir 6 pieds fur 6, ou 7
pieds fur 6.

Si les eaux ne peuvent être
épuifées par les fimples machines
à moulettes, on ne doit pas ba-
lancer un feul inftant d'établir la
célébre machine à feu des Anglois.
Les Mines du Hainault s'en fervent avec fuccès : celles de la
Chapelle de Montrelais en Bre-

tagne & de Litry en baſſe Normandie en retirent un avantage
conſidérable.

On fait approfondir une foſſe
de 400 pieds ou environ , ſur
laquelle on fait batir une machine.
Elle tire par vingt-quatre heures
3740 muids d'eau pour le moins.

Cette machine ſi ingénieuſe doit
ſon origine à M. Savary Anglois.
La mécanique n'a jamais rien produit qui lui ait fait plus d'honneur
que cette machine. Son importance m'engage de donner ici une
idée générale des principales parties qui la compoſent. Ceux qui
voudront avoir une connoiſſance
exacte , & un détail circonſtancié
de ces opérations , peuvent recou-
rir

rir à M. Bélidor, *Tome II. Livre IV. Chap. 3.* de son *Architecture hydraulique.*

Le méchanisme de cette machine, composée d'une infinité de piéces différentes, consiste en général dans un *balancier* dont l'une des extrêmités répond aux pompes aspirantes, & l'autre à un piston qui joue dans un cylindre *A.* Ce cylindre est posé sur un grand alembic de cuivre *B*, lequel est adapté sur un fourneau *C*, dont le feu fait mouvoir toute la machine.

Ce balancier *D* est soutenu dans le milieu par deux tourillons dont les paliers portent sur un des pignons du bâtiment de la machine. Les extrêmités du balancier sont ar-

E

mées de deux jantes cannelées *E.*
Sur ces jantes sont soutenues deux
chaînes ; la première *M*, porte le
piston du cylindre ; la seconde *N*,
fait mouvoir les pompes aspirantes
pour élever l'eau de la fosse *F*, qui
se décharge dans une basche *G.*

Il y a encore deux petites jantes
H adaptées au balancier qui portent deux chaînes dont la première
fait agir le régulateur, & l'autre
une pompe refoulante ; le régulateur interrompt la communication
de la chaudière & du cylindre, lorsque le piston élevé par la vapeur
de l'eau est parvenu à son dernier
terme. Alors le robinet d'injection
s'ouvre & fait jaillir de l'eau froide
qui condensant la vapeur répandue

dans le cylindre , donne lieu à la colonne d'air de chaſſer le piſton de haut en bas. Ce robinet d'injection eſt entretenu par l'eau que la pompe refoulante menée par la chaîne *I*, monte de la baſche dans le réſervoir *K*. De ce réſervoir deſcend un tuyau qui va communiquer à un grand récipient bâti au-dehors du bâtiment de la machine; ce récipient s'appelle *le réſervoir proviſionel* ; il eſt entretenu par le ſuperflu de l'eau du réſervoir *K* qui entretient le robinet d'injection. Ce récipient proviſionel fournit de l'eau dans l'alembic par le tuyau *L*, accompagné d'un robinet.

L'ouverture de la foſſe ſur la

quelle joue la machine eſt de 6 pieds en quarré ſur 66 toiſes ou environ de profondeur ; de quatre toiſes en quatre toiſes, il y a des baſſins de plomb diviſés en deux : d'un côté eſt un corps de pompe aſpirante ; le tuyau d'aſpiration de la pompe ſupérieure trempe dans l'autre. La tige des piſtons de ces pompes eſt ſuſpendue à des poutrelles de 24 pieds de longueur ; ces poutrelles compoſent un train attaché à la jante du balancier qui eſt au-deſſus de la foſſe.

Les eaux des foſſes d'extraction ſe rendent toutes dans le puiſard de cette foſſe. La première pompe éléve l'eau de quatre toiſes de hauteur, la ſeconde de même, & ainſi des autres.

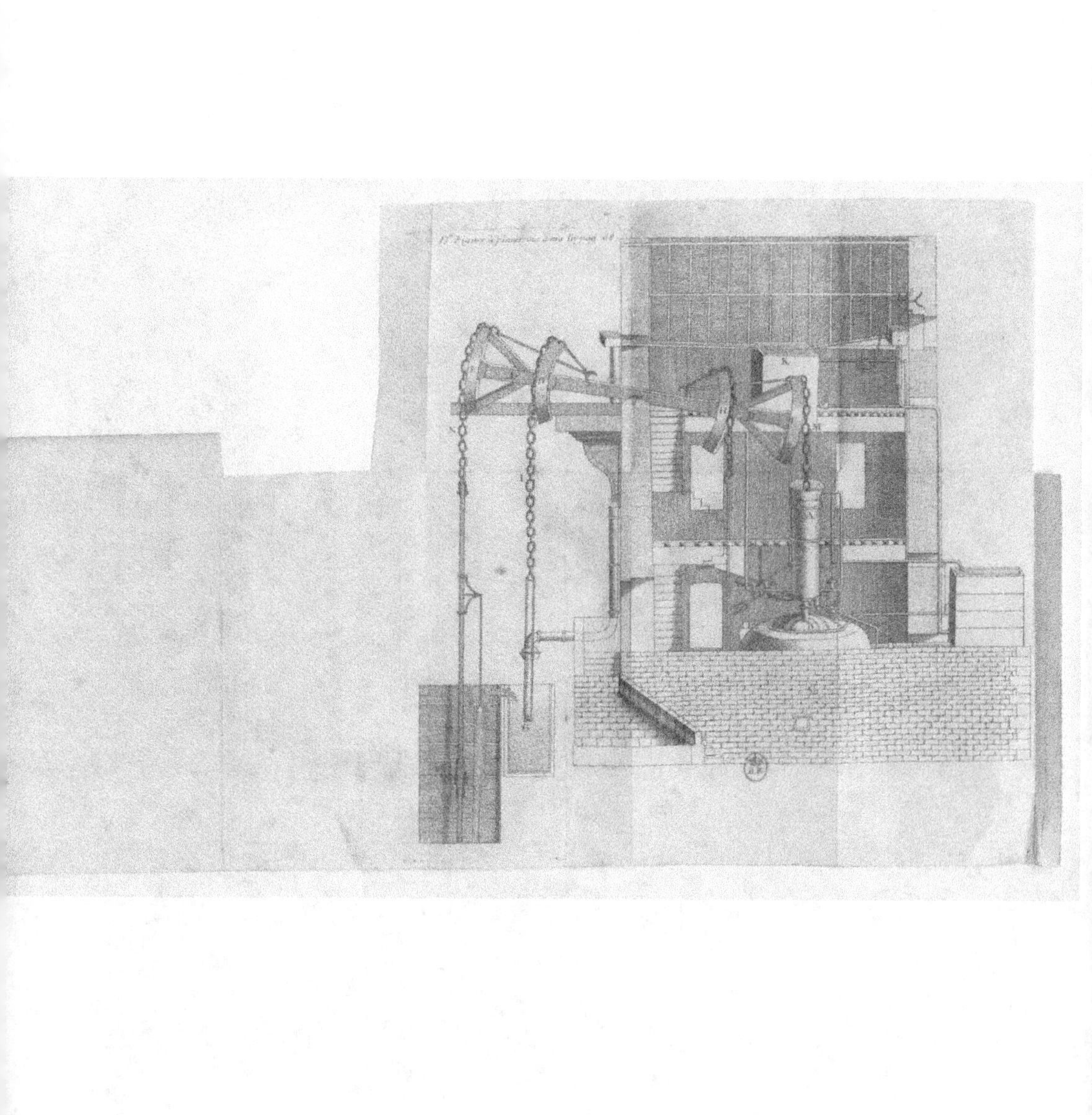

Le fourneau de cette machine
confomme quatre barriques de
Charbon par 24 heures, & donne
au moins 3740 muids d'eau. Je fi-
nirai par l'ingénieufe comparaifon
que fait M. Bélidor de cette mer-
veille de la méchanique avec le
méchanifme des corps animés.
» La chaleur eft, pour le corps, le
« principe de fon mouvement ; il
» fe fait dans fes différents tuyaux
» une circulation femblable à cel-
» le du fang dans les veines, ayant
» des valvules qui s'ouvrent & fe
» ferment à propos ; elle fe nour-
» rit, s'évacue d'elle-même dans
» les temps réglés, & tire de fon
» travail tout ce qu'il lui faut
» pour fubfifter.

E iij

✱✱✱✱✱✱✱✱✱✱✱✱✱✱✱✱✱✱✱✱✱✱

SECONDE PARTIE.

De la Manœuvre intérieure.

ON COMPREND dans la manœuvre intérieure la conduite des
fosses ; l'attaque des veines par les
galeries que l'on ouvre dans les
fosses ; la conduite des tailles ;
l'extraction de la matière ; la pratique de l'air & sa distribution ;
enfin l'Art de prévenir les accidents & de les réparer.

CHAPITRE I.

De la conduite des Fosses, & de leur Etrésillonnement.

LORSQU'ON a ouvert une fosse, quel qu'en soit le terrein, il est de la dernière importance de veiller à ce qu'elle soit étrésillonnée solidement. Une fosse d'extraction forme ordinairement un parallélograme ; sa longueur ne doit excéder sept pieds, sa largeur cinq ou six ; les bois qui étayent doivent avoir six à sept pouces d'équarissage. On dispose les étrésillons dans une distance convenable à la nature du terrein que l'on traverse ; on met ces croisures ou étrésillons à

E iv

deux pieds & demi, ou même plus près, si le terrein n'a pas de con-sistence, & de trois pieds au plus si le terrein est ferme & solide. On observera que ces croisures soient exactement à plomb ; la fosse en aura meilleure grace, & acquèrera plus de force ; on fascine ces croi-sures par derrière, de ramures ou branches d'arbres appuyées de lat-tes de saule, ou de chêne. On serre ces lattes avec des coins de bois, & on garnit les potelles qui reçoi-vent les bois, avec des pierres, ensorte que la croisure soit assujet-tie surement ; &, pour prévenir les efforts que pourroient faire les ter-res dans le cours de l'exploitation, on place sur les *billes* entre chaque croisure des morceaux de bois qu'on appelle *porteurs* ; on appuye ces *porteurs* avec de bons cloux. En approfondissant la fosse, il faut, pour la facilité de l'extraction , la latter ou coulanter de planches de chêne , ou de peuplier d'environ un pouce d'épaisseur.

On conduit ainsi la fosse de la superficie jusques sur les bancs de rocher ferme : pour enlever les déblais qu'occasionne l'approfon-dissement , on établit d'abord des-sus la fosse un bouriquet & on en-leve ces déblais à force d'hommes; on donne un second à l'Ouvrier qui travaille au fond pour le dé-barrasser des décombres qu'il fait. Cet aide Mineur charge ces décombres avec une escoupe dans les panniers : on doit préférer cette sorte de pelle aux pelles de bois ferrées, elles ne sont pas assez fortes pour résister au travail qu'on fait avec elles, & on ne peut donner aux Ouvriers de Mines des outils trop forts & trop bons.

Lorsqu'on a gagné les bancs de rocher ferme ; alors on se sert pour les vaincre de la poudre à canon. On fait un trou avec le fleuret de 12 à 15 pouces de profondeur, on y introduit un cartouche que l'on pique avec l'espinglette, & on met dessus une platte-forme de terre grasse ; en suite on achéve de charger la Mine avec de la pierre que l'on bat avec le bouroir. Cet inftrument eft cannelé fur une face, de manière que l'efpinglette qui eft reftée dans le cartouche ménage au travers de la charge de la Mine la lumière. On tire l'efpinglette, & on fait couler en fa place un chalumeau plein de poudre, fur lequel on met une méche fouffrée, affez longue pour que l'Ouvrier ait le temps de fe mettre à l'abri de l'effet de la Mine.

Lorfque le trou de Mine eft porté à fa profondeur avec le fleuret, il peut arriver que la pierre par fes coupes donne de l'eau, laquelle, en fi petite quantité qu'elle foit, empêcheroit l'effet de la poudre; alors pour prévenir cet inconvénient, on fe fert du bouroir à terre. Cet

instrument est plein & rond, se termine quarrément par le haut, & est
traversé d'une clavette, que l'Ouvrier tient dans sa main lorsqu'il
frappe le bouroir avec la petite masse. On met dans le trou de Mine
de la terre grasse ; on la bat avec
le bouroir à terre ; &, afin qu'elle
puisse s'insinuer plus facilement
dans les coupes de la pierre, on
entoure le bouroir d'un bourlet de
foin qui bouche assez exactement.
Cette précaution empêche la terre
grasse délayée par l'eau de sortir
trop promptement, par les secous-
ses qu'elle reçoit de l'instrument.
On retire cette terre délayée avec
la curette ; on en met de nouvelle
que l'on bat avec la même précau-

tion , que l'on retire auſſi , & on continue cette manœuvre juſqu'à ce que l'on ſoit venu à bout de ſécher le trou de Mine ; on charge cette Mine de la même manière qu'il eſt dit ci-deſſus. Il pourroit encore arriver que malgré toute cette attention l'eau fût la plus forte , & ne pût être deſſéchée ; il faut dans ce cas uſer de cartouches de cuir couſues ſi exactement que l'humidité ne les puiſſe pénétrer. Auſſi-tôt que la Mine a joué , & que la fumée s'eſt diſſipée , on achéve, avec une groſſe maſſe & les aiguilles à cailloux , ce qui eſt échappé à la force de la poudre.

On conduit ainſi une foſſe à plomb juſqu'à 50 , 60 ou 80 toiſes ,

si on a deffein d'y établir une machine à feu. Mais pour tirer les
eaux ordinaires avec la fimple machine à moulette , une foffe de
50 toifes eft fuffifante ; celles qui
fervent à l'extraction du Charbon
ne font portées à plomb que jufqu'à ce qu'on ait atteint la veine ;
alors on defcend avec le filon , &
on fuit fon pondage. Comme ces
foffes font inclinées ainfi que la
veine , on doit porter toute la force
du bois fur le toit , & obferver entre les croifures une moindre diftance. On ne coulante ces foffes
que fur le mur , parceque tout le
frottement fe fait fur cette partie
inférieure : lorfque ces foffes ont
acquis un certaine profondeur le

cable frotte en montant & descen-
dant sur le toit à l'endroit où
la perpendiculaire est coupée ; ce
qui non seulement coupe le bois
mais use très-promptement le cable ; il faut, pour éviter ce frottement, adapter dans cet endroit un
petit touret qui roule sous le cable.

CHAPITRE II.

*De l'Ouverture des Galeries ; de
l'Attaque des Tailles ; de la conduite de l'Ouvrage intérieur ; &
de l'Extraction de la Matière.*

LORSQU'UNE fosse est appro-
fondie au point de pouvoir l'exploiter, on ouvre en galerie à dix

ou douze pieds du fond de la fosse ; cette réserve forme le puisard où les eaux des saignées s'égoutent. A cette distance, on fait un pont avec des petits madriers de deux à trois pouces d'épaisseur, & on ouvre collatéralement sur la veine. En entrant en galerie, l'Ouvrier étançonne près le bois de la fosse, afin de prévenir l'écroulement ; ces premiers étançons doivent être plus forts que ceux que l'on met après ; on passe des lattes par dessus la bille de la fosse qui vont se rendre sur le chapeau des étançons ; on en passe également sur les côtés, & on garnit l'espace qui se trouve entre les lattes & la pierre qui sert de toit & de muraille à la la veine avec de la ramure , ainſi qu'on le pratique en étréſillonnant les foſſes ; on appelle cette pre- mière galerie, la *voye* : c'eſt par elle que paſſe tout le Charbon que l'Ouvrier abbat. On place les étan- çons ou poteaux de deux pieds & demi à trois pieds de diſtance, ſui- vant la conſiſtence du toit ou de la muraille de la veine ; ils doivent avoir 4 à 5 pieds de hauteur. Lorſque le toit & la muraille ſont d'une ſolidité connue , on fait une potel- le, ou trou, dans la muraille, & on met un *faux bois* (*a*) qui répond à une *billette* (*b*) qui ſe trouve ſerrée

(*a*) *Faux bois* , c'eſt le bois qui , potellé dans le mur , eſt l'arc-boutant de la billette.

(*b*) *Billettes* , ce ſont de petits bois qu'on place le long du toit de la veine.

F

fur le toit par ce moyen; on place ces petits poteaux & billettes à la diſtance de quatre pieds les uns des autres. Quand la veine ſe trouve extrêmement inclinée & la muraille ſolide, on y fait une potelle, & on place dans cette potelle un bois qui va rendre à l'étançon qui ſe trouve incliné ſur le toit ; cet étançon a une entaille par le haut ſous laquelle le bois ſe trouve arrêté : on garnit la partie du toit avec de la ramure & des lattes. Ceci ſe pratique, lorſque la veine a une certaine largeur; mais ſi elle n'étoit que d'un pied & demi d'épaiſſeur, il faudroit abbattre un pied de muraille pour faciliter le paſſage des traîneaux dans la voye.

On ouvre les galeries autant qu'il est possible de 30 pieds de distance les unes des autres : cette distance est appellée *estau* ; il sert à soutenir la fosse. Quand la galerie est ouverte, on donne 10 pieds d'épaisseur à cet estau, & on monte dans la veine une taille de 20 à 25 pieds.

Pour monter une taille, il faut mettre un Ouvrier à la distance de dix pieds ou environ de l'ouverture de la galerie ; cet Ouvrier ouvre en montant entre deux étançons ; à mesure qu'il monte, il potelle du toit au mur ; il place ses bois pour étrésillonner cette montée, & se sert des étrésillons, pour s'appuyer en montant. Lors-

que la taille eſt à une hauteur convenable, on ouvre dans cette taille
ſur la même direction de la voye,
& on place trois ou quatre Ouvriers les uns ſur les autres qui abbattent le Charbon ſur la voie. On
laiſſe au-deſſus de cette voie un
eſtau d'un pied ou deux d'epaiſ-
ſeur ſuivant la conſiſtence de la
veine ; le Charbon que les Ouvriers de la taille abbattent, paſſe
dans la voye par des trous ména-
gés d'eſpace en eſpace ; on étaye
ces tailles du toit au mur avec des
billettes & des *faux bois.*

A meſure que l'on moiſſonne
la taille, on pratique ſur la voye
un boyau, que l'on appelle *caſſi,*
dans lequel l'air ſe conduit ſur

l'Ouvrier de la galerie & dans la taille ; & on la remplit de toutes les pierres qui se font sur le toit, ou sur la muraille, de tous les cloux, ou même des mauvais Charbons, dans les endroits où on ne peut les employer à la fabrication de la chaux & des briques. Cette précaution s'appelle *restaper dans la taille*, & elle sert à empêcher le *fardeau* (a).

Si l'on n'observoit pas de garder soigneusement la distance prescrite ci-dessus entre les galeries que l'exploitation exige, on ruineroit une fosse dont les dépenses sont considérables, & on feroit ce

(a) *Fardeau* est le mouvement que la terre fait, lorsqu'elle menace de s'ébouler.

F iij

qu'on appelle une *exploitation dé-réglée*. La fosse dans la suite cam-breroit au moindre fardeau, & on perdroit le fruit de son travail par trop d'avidité ; les estaux, que forme la distance à observer entre les galeries, se reprennent, lorsque les fonds se trouvent epuisés, & qu'il est question d'abandonner la fosse.

Pour travailler les fonds de la veine avec plus de facilité & d'a-vantage, on fait une chambre dans l'endroit le plus avantageux de la galerie, lorsqu'elle a acquis une cer-taine profondeur. On étaye cette chambre avec des poteaux de 8 à 10 pouces d'equarissage ; on gar-nit ces poteaux de ramures & de

lattes. Dans le lieu où on veut ouvrir le bure ou puits souterrein,
on a soin de mettre des *feuils* ; ce
font des piéces de bois de l'epaif-
feur des poteaux , dont les extrêmités font potellées dans le toit &
dans la muraille. Sur ces feuils on
place les quatre étançons qui doivent étayer le ciel du puits fouterrein ; on met d'un feuil à l'autre
deux traverfes entretaillées , l'une
exactement le long du toit, & l'autre le long de la muraille ; fi la veine n'excéde pas quatre pieds , on
prend fur la muraille l'efpace néceffaire pour placer le traîneau ,
fur lequel le Manœuvre qui travaille fur le bouriquet *rafcoud*

(*a*) le pannier ; & on obſerve alors de ne pas donner à cette chambre 15 ou 20 pieds en quarré , ce qui ne ſe pratique que lorſque la veine a une épaiſſeur extraordinaire , & que les bancs, qui la couvrent , ſont traitables. C'eſt entre ces traverſes que l'on ouvre le bure ou défoncement : on le porte à 10 ou 12 toiſes , ſuivant que l'exploitation l'exige. On pratique ce bure de la même manière que les foſſes ſe manœuvrent ; on l'étréſillonne avec des bois de 4 à 5 pouces , ſi le bure n'a que 4 pieds ſur 5.

(*a*) *Raſcoudre* , eſt l'action du Manœuvre qui travaille ſur le bouriquet , lorſqu'il met deſſus le traîneau le pannier monté au haut du bure ou de la foſſe.

Il arrive quelquefois qu'on le fait plus large : il s'en trouve de 8 fur 9 pieds ; mais il faut toujours prendre garde de ne donner cette étendue à un bure que dans le cas où on eſt certain de la ſolidité des bancs ; alors on proportionne la force des croiſures à l'étendue du bure.

On laiſſe au fond de ce bure un puiſard comme celui que l'on a laiſſé dans la foſſe ; on fait un pont, & on ouvre une galerie ; on donne à l'eſtau qu'on laiſſe à l'entrée, la même épaiſſeur que celle indiquée ci-deſſus. On prend une taille, & on la manœuvre ainſi que la ſupérieure ; lorſque cette taille eſt moiſſonnée dans une étendue poſfible , on fait dans la galerie du bure une nouvelle chambre & un nouveau puits fouterrein , & de bure en bure, ou défoncement, on va jufqu'à la plateur de la veine.

La plateur de la veine eft le ter-me des defirs du Mineur ; toutes les manœuvres du travail de la veine s'y font avec plus de facilité. On exploite la plateur en galeries de front ; & malgré les étais de ces galeries , on laiffe de diftance en diftance des poteaux de char-bon d'une toife d'épaiffeur au moins, pour prévenir tout inconvé-nient ; on fafcine ces galeries de ramures appuyées de lattes.

La conduite du Minéral des ga-leries aux bures & à la foffe pre-

mière se fait par des *Guercheux*:
on appelle *Guercheux* des enfans
de quatorze à quinze ans ; c'est
l'apprentissage du Mineur. Ces enfans ont sur les épaules une bre-
telle de cuir armée d'une chaîne
& d'un crochet qu'ils attachent à
une *esclippe* ou petit traîneau sur
lequel s'adapte le pannier chargé
de matière. Ce pannier est fait avec
du bois de chêne ; sa forme est
ovale ; il est cerclé de fer & armé
de quatre petites chaînes , au bout
desquelles il y a un anneau ; lorsque ces Guercheux sont arrivés à
la fosse, ou au bure , ils accrochent
ce pannier au cable qui file sur le
bouriquet , & le font monter , en
avertissant les hommes qui ma-

nœuvrent sur le bure. Si la galerie est longue , on dispose ces Guercheux par *Kerme* : ce mot dérive de *terme* ; c'est un espace de 60 pieds ; & l'endroit , où ils s'arrêtent , s'appelle *Changeage*.

Il convient, autant qu'il est possible , de faire travailler le Mineur à la tâche, c'est-à-dire, de lui donner un prix déterminé par toise de Charbon , si la veine est réglée exactement , ou par toise de rocher , suivant la nature des bancs plus ou moins fermes. On doit agir de la même manière avec les Guercheux, lorsqu'ils travailleront à traîner le Charbon ; on évalue ordinairement leur journée à 15 ou 16 douzaines de panniers , quelquefois à 24, felon que la galerie a plus ou moins de profondeur. On obfervera qu'ils portent leur chandelle à la tête ou fur leur pannier, lorfque les galeries auront une profondeur confidérable ; par ce moyen on évitera la multitude de lumières qu'il faudroit répéter à raifon des finuofités des galeries. Par cette œconomie, on ne confommera qu'une livre de chandelle, où on en brûleroit deux livres.

CHAPITRE III.

De la pratique de l'Air & de fa diftribution.

ETRÉSILLONNER avec folidité, fuivre les veines avec force, c'eft l'essentiel de l'Ouvrier ; conduire l'air avec précaution, en diriger le ressort avec prévoyance, c'est le talent de l'habile Mineur. On s'imagine que, pour se procurer l'air dans une exploitation, deux fosses sont suffisantes ; il est vrai que ces fosses portées à une égale profondeur, avec une communication inférieure de l'une à l'autre, peuvent dans les temps froids se communiquer assez d'air : mais, lorsque la saison s'avance, ou que les galeries ont une certaine profondeur, cette communication n'est plus suffisante. L'Air se condense, & on est obligé de cesser les opérations par le défaut de son ressort. Il ne met plus en mouvement les particules

qui se détachent de la matière bi-
tumineuse du Charbon Minéral,
& qui s'élévent dans la région su-
périeure des tailles & des galeries.
Ces particules se réunissent, s'é-
paississent & répandent une vapeur
fétide, dangereuse & mortelle.

Lorsque l'on craint cette vapeur, il y auroit de la témérité à
laisser les Ouvriers descendre dans
la fosse, ou pénétrer dans les galeries, avant de s'être assuré si cette vapeur n'est qu'une simple condensation de l'air, ou si elle est absolument dangereuse : pour avoir
cette certitude, on met au fond
d'un pannier une chandelle allumée ; cette chandelle est arrêtée
avec un morceau de terre glaise ;

on descend le pannier doucement ;
& , si la lumière résiste jusqu'au
fond , l'Ouvrier peut y descendre.
On use d'une précaution à peu près
semblable pour les galeries ; afin
d'éviter la surprise de cette vapeur
mortelle , l'Ouvrier met une chandelle au bout d'une longue perche
qu'il porte devant lui ; & s'il s'ap-
perçoit que la lumière s'allonge en
s'éteignant , il faut qu'il se retire
promptement ; autrement il courroit risque d'être étouffé par cette
vapeur. Les exemples funestes que
l'on a vus , ont engagé à prendre
toutes les précautions nécessaires
pour prévenir ces accidens. Cette
vapeur n'est occasionnée que par le
défaut du ressort de l'air, ainsi que

je

je l'ai dit ci-dessus ; on la voit souvent, dans les vives chaleurs de l'été, monter jusqu'à la surface des fosses. Cependant, si elle ne vient que d'une légère condensation de l'air, on peut la dissiper en tirant, pendant une heure ou deux, l'eau de la fosse.

Il est donc évident que l'avantage de l'exploitation, lorsque l'assiette est bonne, consiste principalement à se procurer un air libre. Il ne suffit pas de sçavoir consolider une fosse, opposer aux efforts de la terre des barrières solides par un étrésillonnement formé avec art ; il ne suffit pas de vaincre les obstacles les plus durs, d'empêcher les eaux de nuire, & de

faire des progrès par un cuvelage
travaillé avec intelligence ; tous
ces talents font néceſſaires , ſans
doute, & concourent à une exploitation utile : mais , ſans celui de la
conduite de l'air , & de ſa diſtri-
bution dans toutes les parties de
l'exploitation , ils ſont ſemblables
aux roues d'une montre qui ne
pourroient être miſes en mouvement , faute de reſſort.

Pour obvier au defaut de l'air ,
il eſt indiſpenſable de deſcendre
de la communication de deux foſſes un trou de deux à trois pieds
entre les bois , ſi c'eſt dans le Charbon ou dans la matière peu ſolide.
On mene ce trou ſur le boyau qui
régne le long de la voie , à meſure

que cette galerie eſt pouſſée en
avant , on a ſoin de mener auſſi le
caſſi , & on ferme exactement l'é-
vantoir (*a*) qu'on laiſſe derrière
ſoi ; parceque les trous qui ſe mul-
tiplieroient en avançant interrom-
proient l'air , & ne le méneroient
pas juſqu'au bout de la voye.

Dans la communication des
deux foſſes , il faut qu'un des côtés qui percent dans les foſſes ſoit
fermé exactement ; pour lors , l'air
ſuit le boyau & rafraîchit l'Ouvrage. Si l'exploitation exige qu'on
ouvre une galerie vis-à-vis de cel-

(*a*) *L'Evantoir* eſt une ouverture faite ſur
l'Ouvrier de la voie que l'on répéte autant de fois
qu'il eſt néceſſaire , en obſervant de boucher
toujours le précédent.

G ij

le que l'on exploite de l'autre côté de la foſſe , il faut faire paſſer
le boyau d'air par deſſus le toit ,
ou deſſous la muraille , ſelon que
la pierre y eſt plus traitable , & on
conduit ce boyau de la même manière qu'il a été indiqué ci-deſſus ;
en ſorte qu'on peut mener une galerie de cent toiſes & plus , ſans
être obligé de faire des cheminées
ou foſſe d'airage pour renouveller
l'air.

Si on fait un défoncement dans
une des galeries exploitées , on interrompt le boyau d'air un peu au
delà du défoncement , on com-
ble toute la galerie qui eſt par delà
cette interruption ; de façon que
l'air ſe trouve dirigé ſur un trou à

côté du défoncement , & qu'on descend à mesure qu'on avance le bure. Lorsqu'il est à la profondeur désirée , après qu'on a ouvert une galerie & monté une taille , on conduit un boyau sur la galerie semblable à celui qui est supérieur en observant les mêmes régles ; & toutes les fois qu'on ouvre un défoncement sur la voye , on manœuvre également.

S'il arrivoit quelquefois que , malgré toutes ces précautions, l'air fût trop condensé , il faut pour le dilater avoir recours au feu. On fait faire une grille ronde de la hauteur de deux pieds ou environ ; on charge cette grille de Charbon Minéral , que l'on allume bien.

G iij

On fufpend cette grille allumée dans la cheminée, vis-à-vis de la communication de l'air ; la cheminée doit être fermée à la réferve du conduit. Voici comment fe fait cette cheminée : on établit un chaffis de la hauteur de deux pieds & demi fur la foffe d'airage, & on met fur ce chaffis quatre montants de bois de chêne d'environ dix à douze pieds, qui vont en fe rapprochant par le haut. On maçonne ce chaffis & ces montans avec un torchis, & on laiffe une porte de la hauteur de ce chaffis, pour pouvoir defcendre dans la foffe lorfque le befoin le requére. Il y a fur cette foffe un petit bouriquet pour mener la grille à la profondeur convenable. Le feu de cette grille dissipe les vapeurs, raréfie l'air, & le remet en mouvement ; ce fluide si nécessaire à l'entretien de notre méchanisme, est le principal mobile d'une exploitation avantageuse. On peut aller en galerie à 400 toises & au-delà, par le secours de feux allumés de distance en distance, & qui communiquent à celui de la fosse. Nous devons cette découverte à M. le Vicomte des Androuins.

Quand on approfondit une fosse, si l'air venoit à manquer avant qu'on ait pû pratiquer une fosse d'airage, pour se le procurer avec promptitude, on feroit un trou de la profondeur de 7 ou 8 pieds, &

une petite communication à la fosse que l'on approfondiroit. Cette communication déboucheroit
dans un canal fait de planches &
adapté le long de la fosse où l'on
travailleroit : on auroit soin d'allonger ce canal à mesure qu'on
avanceroit l'approfondissement ,
ensorte que l'air fût toujours porté sur l'Ouvrier. Si on ne pouvoit
trouver de planches dans l'instant ,
on se serviroit presqu'aussi utilement de sacs de toile ouverts des
deux bouts & cousus ensemble.

La pratique est le seul maître
qui puisse bien apprendre la conduite de l'air dans l'exploitation ;
la théorie la plus docte est impar-
faite sans la pratique. C'est dans

cette école sûre qu'on puise les différentes manières d'appliquer le ressort de l'air dans les opérations des Mines, & de le distribuer suivant l'éxigence des cas. La théorie nous développe les principes, nous fait raisonner d'après ces principes, & méne à des conséquences ; la pratique nous donne la certitude de nos opérations.

CHAPITRE IV.

Des accidents qui surviennent dans l'exploitation du Charbon de Terre.

L'EXPLOITATION de presque tous les Métaux ou Minéraux, est sujette à être interrompue par des obstacles & des accidents. Les sources fécondes des eaux, l'interruption des veines ou filons n'arrête que trop fréquemment le succès des entreprises. Ces accidents sont communs au Charbon de Terre & aux Métaux, ou Minéraux ; mais il en a un particulier dont les suites sont funestes à moins qu'elles ne soient prévenues en tenant l'air toujours libre. Cet accident se nomme le feu *brisou* ou feu *térou*.

SECTION PREMIERE.
Des Eaux.

LES EAUX sont de tous les accidents qui arrivent dans l'exploitation, celui qui est le plus dispen-

dieux & le plus dangereux. Pour
vaincre cet obstacle, on se sert utilement, ainsi que je l'ai dit, d'une
machine à moulette attelée de
deux chevaux ; si elles ne viennent
que des saignées, ou égouts, ou si
elles ne sont que des eaux empotées & conservées dans de vieilles
fouilles. Si au contraire ces eaux
sont produites par des sources im-
pétueuses & vives, on ne peut réussir à les vaincre, qu'en établissant
la machine à feu. Elle enléve les
eaux les plus violentes ; pourvu
toutefois qu'on en puisse diminuer
le volume par des cuvelages arti-
stement liés, sur-tout lorsqu'elles
sont aussi vives que dans le Hainault François. Cette province est

peut-être la seule où l'exploitation
du Charbon de Terre soit aussi dispendieuse , & où les eaux soient
aussi fortes.

Les veines se trouvent dans ce
pays à 30 & 34 toises de profondeur ; avant d'y parvenir , on est
contraint de passer des terreins
remplis de sources. On traverse d'a-
bord un terrein pierreux de 15 à
16 toises ; & , pour contenir cette
terre pierreuse , on fait une maçon-
nerie de briques ; ce premier terrein est sec ; au dessous de ces 16
toises , on rencontre le premier
niveau d'eau , & à force de pompes & de chevaux , on tache d'é-
puiser les eaux de ce premier niveau pour atteindre le bleu mar-

ne (*a*). Lorsque l'on est parvenu
au bleu marne, on fonce de trois
pieds dans le terrein; on établit
quatre piéces de bois de chêne de
8 à 10 pouces d'équarissage; on
unit ce chassis d'une manière si ferme, que les eaux ne le peuvent pénétrer; ensuite on en met un second sur ce premier uni aussi in-
timement. On adapte sur ces chassis de larges madriers de chêne de
six pouces d'épaisseur, que l'on garnit par derrière avec de la mousse,
des couvertes, du mortier de chaux
& de cendre; cette manœuvre
s'appelle *cuveler*. On monte ce cuvelage jusqu'au-dessus du niveau

(*a*) *Le bleu marne* est un terrein gras de
couleur bleue que l'eau ne pénétre jamais.

des eaux , & on le répéte à mesure que l'on rencontre les différens niveaux qui s'opposent à
l'approfondissement des fosses, toujours en montant le dernier jusqu'à
celui qui lui est supérieur. On cal-
feutre cet assemblage de madriers
aussi exactement qu'un batteau ,
de manière que l'eau ne peut in-
commoder les Ouvriers ; ces niveaux se réduisent à trois qui se
trouvent sous les couches de bleu
marne. On nomme le second ni-
veau la *forte toise* , par la difficulté
de passer ce niveau & d'en épuiser
les eaux. A Anzin près Valencien-
nes , on ne s'est déterminé à tou-
cher la forte toise qu'après l'éta-
blissement d'un aqueduc pratiqué

du niveau de la rive de l'Escaut à la fosse. Cet aqueduc a 214 toises de longueur & 10 toises de profondeur ; il dispense l'enlévement des eaux de deux répétitions de pompes ; ces niveaux d'eau sont séparés les uns des autres par des couches de bleu marne de 8 à 9 pieds d'épaisseur ; sous la dernière couche, on rencontre le banc de *diéve* (*a*) & une couche de terre verte, sous laquelle se trouve le toit de la veine.

Les autres entreprises de Charbon de Terre de la France, ne sont pas sujettes aux inconvéniens du Hainault François ; le cuvelage y

(*a*) *Le Banc de diéve* est un lit de terre glaise dans laquelle il n'y a ni coupes, ni filtrations.

est rarement néceſſaire. Les eaux
s'épuiſent dans la plus grande partie , par le moyen des machines à
moulettes ou des pompes. Il n'y a
juſqu'ici que la chapelle de Montrelais & Litry où l'abondance des
eaux a exigé l'établiſſement des
machines à feu. Les eaux de Litry
ſont ſi corroſives que la dépenſe
de l'entretien de la machine eſt
incompréhenſible.

Comme dans le cours de l'exploitation on approfondit toujours
ſur la veine de bures en bures ;
quelquefois le dernier ou pluſieurs
ſe trouvent au-deſſous du puiſard
de la machine à feu. Si les eaux
d'égouts & de ſaignées ſe trouvoient trop abondantes pour être
épuiſées

épuifées par les bouriquets de ces bures, il faudroit établir une ou plufieurs pompes refoulantes dans chaque bure, fuivant l'abondance des eaux, pour les remonter dans le puifard de la machine à feu. On fuppofe qu'on ne veuille pas faire la dépenfe d'une machine à feu telle qu'une de celles d'Anzin établie fur une foffe de quatre-vingt-dix toifes de profondeur, & qui peut jetter dehors, au befoin, dix mille tonnes d'eau dans 24 heures, ou que les défoncemens en bures fe trouvent au-deffous de cent toifes.

H

SECTION DEUXIÉME.

De l'interruption des Veines.

L'INTERRUPTION des veines s'appelle, en terme de l'art, *Crin*. Cet accident arrive toutes les fois que les bancs de rochers qui forment le toit & la muraille se rapprochent l'un de l'autre, & font disparoître presqu'entièrement la veine. Ces crins suivent constamment son pondage ; lorsqu'on les a rencontrés, ils suivent de taille en taille presqu'à la même distance ; cette interruption des veines est plus ou moins longue ; il y a des crins qui se portent à des douze & vingt toises, quelquefois même

au-delà. On force ces crins, lorfque le toit & la muraille font trop
durs, en faifant jouer la Mine. Une
veine bien réglée fe refait toujours
au-delà de fes crins : on ne fait
dans cette interruption qu'un paffa-
ge fuffifant pour les Guercheux ;
on ne doit forcer ces crins qu'à la
première fois, & enfuite au troi-
fiéme ou quatriéme défoncement,
fuivant le jeu de l'air ; on ne fait
pas monter au jour les débris de
ces crins, ils fervent à garnir les
tailles ; on obferve de ne travailler alors que fur la pierre la plus
douce, foit du toit, foit de la muraille.

SECTION TROISIÉME.

Du Feu Brisou, ou T'érou.

Dans les Mines de Flandre & de Liége, dans celles du bas-Anjou, il se trouve des veines où le feu brisou est ordinaire. Ce feu est un feu de météore si actif, qu'il parcourt comme un éclair tous les ouvrages : cet inflammation subite n'arrive que dans les veines nitreuses.

Quoiqu'il paroisse que la flamme ne puisse être excitée que par le ressort de l'air, l'expérience ne prouve que trop souvent que cet accident survient seulement lorsque l'air ne peut jouer librement ;

ce qui au contraire n'arrive jamais lorsque son ressort est actif.

Je conçois que l'air qui, par sa condensation, a occasionné l'assemblage de toutes les particules inflammables qui se détachent de la veine, se trouve agité par l'approche de l'ouvrier, met en mouvement ces mêmes particules, & les enflamme : cette inflammation se dissipe à l'ouverture de la fosse avec une vive explosion.

Lorsque l'on a été vingt-quatre heures au plus sans fréquenter une veine sujette au feu brisou, il faut user de précautions pour éviter l'accident ; on donne à l'Ouvrier qui entre le premier dans l'ouvrage un habillement complet de toi-

le, un masque & des gands de
toile ; il attache au bout d'une perche une chandelle ; il se met sur
le ventre, & monte sa chandelle
jusqu'à ce que le feu soit pris, autrement il courroit risque d'être
brûlé au visage & sur les mains,
& s'il étoit vêtu de laine ses ha-
billemens seroient consommés en
peu de temps, ce qui le mettroit
en danger de perdre la vie.

Car on observera que ce feu ne
brûle que ce qui est du régne animal, & n'endommage nullement
ce qui appartient au régne végétal. Pour expliquer ce phénomène,
on peut croire qu'il doit sa naif-
sance à la présence de l'Ouvrier &
de la lumière qu'il porte avec lui :

cet Ouvrier dilate par sa chaleur & celle de sa lumière une huile essentielle très-légère, que contient le charbon minéral, & qui est de la nature de toutes les huiles essentielles, par la facilité qu'elle a de s'enflammer.

La propriété singulière que l'on reconnoît dans cette huile enflammée, est de détruire les substances animales, & de n'altérer en aucune façon ce qui est du régne végétal : mais on demandera peut-être quelle est la cause de cette propriété singulière ? Sans doute un alkali volatil uni à cette huile, par la facilité naturelle qu'il a de s'unir avec les huiles quelconques, se trouvant décomposé par

la déflagration, s'attache particu-
lièrement aux substances animales,
ayant plus de rapport avec elles, &
les détruit.

On sçait par expérience qu'un
alkali volatil & même fixe détruit
ce qui appartient au régne animal,
& ne produit aucune altération
sur les substances végétales.

Par exemple : tremper de petits
morceaux de draps dans une les-
sive de cendre de bois neuf, dont
vous aurez rapproché les particules salées en faisant évaporer une
partie de l'eau ; les petits morceaux de draps se trouveront consommés & réduits au même état
que de l'amadou.

Au contraire, exposez à la cave

pendant huit jours dans un petit sac de toile deux livres de sel alkali pour faire tomber en *deliquium* ; le sac ne sera nullement altéré.

Si vous voulez une autre expérience, prenez une partie d'huile essentielle de la nature de l'esprit de vin, ou de la thérébentine ; ajoutez-y une partie d'alkali volatil : imbibez de ce mélange un morceau d'étoffe de laine ; mettez-y le feu, il pénétrera le morceau d'étoffe ; au contraire trempez dans cette liqueur un morceau de toile, la flamme glissera & ne lui causera aucun dommage.

Ces effets sont les mêmes que produit le feu brisou ; il glisse rapidement sur l'habillement de

l'Ouvrier lorſqu'il eſt de toile , &
s'attache deſſus , s'il eſt de laine :
ſi , par hazard le vêtement de l'Ouvrier n'étoit pas exactement fermé , & que ſon viſage fût découvert en quelques parties , les parties découvertes ſeroient vivement
endommagées , comme la barbe ,
les cheveux , &c.

On ne ſçauroit remédier à ce
feu de météore qu'en rarefiant l'air
de manière que ſon tourbillon puiſſe diſſiper ſes particules inflammables ; car il arriveroit que ſa con-
denſation empêchant cette vapeur
enflammée de s'élever juſqu'à l'embouchure de la foſſe , les Ouvriers
courroient riſque d'être étouffés ;
car lorſque les ouvrages ſont avan-

cés & que les galeries ou défoncemens ont une profondeur im-
menfe, ce feu, à proportion de l'é-
loignement & du circuit qu'il feroit obligé de faire pour atteindre
la foffe fupérieure, deviendroit
un péril prefque inévitable fi l'air
n'étoit extrêmement rarefié ; les
Ouvriers feroient fuffoqués avant
qu'ils euffent le temps de gagner
l'embouchure de la foffe, ce qu'ils
font précipitamment lorfqu'ils ap-
perçoivent la flamme de leur lumière s'allonger. Il y a un ou deux
ans que dans une des foffes ouvertes au vieux Condé en Hainault,
un pareil accident fit périr onze
Ouvriers de trente & un qu'ils
étoient dans les travaux, & que,

fans l'adreſſe & le courage de quelques-uns de leurs camarades, les vingt autres euſſent ſubi le même ſort.

On regarde le plus ſouvent l'extraction du Charbon Minéral comme une exploitation d'une pratique aiſée & peu diſpendieuſe. J'ai vû quelques perſonnes me tre le Charbon de Terre en paralléle avec le Marbre, la Pierre ou l'Ardoiſe ; la comparaiſon de ce Minéral avec le Marbre & la Pierre ne peut être admiſe : ce ſont des maſſes dont la profondeur déterminée n'exige pas de grands frais, ni une intelligence ſingulière. L'Ardoiſe n'entre en paralléle avec le Charbon de Terre que par les dépenses qu'elle exige pour la découverture de la Carrière, & par l'épuifement des Eaux ; lorf-qu'elle eft tirée de 150 ou 200 pieds : mais il s'en faut bien que ce paralléle foit jufte, foit dans la conduite des travaux, foit dans l'adreffe ou dans l'aptitude de ceux qui travaillent à ces opérations.

Le Charbon de Terre eft un des Minéraux dont l'extraction de-mande le plus de facultés & de l'induftrie : on parviendra fure-ment à l'exploiter utilement, lorf-qu'on mêle les facultés avec les talens pour la conduite des opéra-tions. Ces qualités ne s'acquiè-rent que par la pratique appuyée de la théorie ; ce font les feuls

moyens de réussir. La connoissance assure l'assiette de l'opération ;
les facultés pour l'exploiter sou-
tiennent l'opération ; la théorie
pratique conduit avec sagacité les
travaux , prévoit les empêche-
mens , & remédie aux obstacles
imprévus.

Quand on connoîtroit exactement le Minéral & ses environ-
nans , & qu'on uniroit à cette connoissance toute l'intelligence ima-
ginable , vouloir exploiter sans les
facultés nécessaires , ce seroit ten-
ter l'impossible : avec les forces
on fait les dépenses qu'exige l'exploitation , on fait les découvertes , & on les méne au succès ;
avec des forces on attend patiem-

ment, & on furmonte les obftacles. Car, avec beaucoup de connoiffance & de talens & peu de
forces, une entreprife tomberoit
fouvent en langueur, &, par le défaut de ce nerf fi utile, devenant
plus lourde que lucrative, fes
maîtres feroient obligés de les
abandonner.

Cette infuffifance a ruiné une
partie des meilleures veines du
Royaume : le défaut de moyens
fait tout quitter au moindre em-
pêchement : un crin, des eaux im-
prévues, des bancs de rocher trop
fermes, font des obftacles qu'on
ne fçauroit vaincre fans les forces.

Cependant avec beaucoup de

forces & peu d'intelligence , on tomberoit sûrement dans le même inconvénient par un excès contraire ; trop de confiance dans ses forces en fait souvent méfufer : on imagine alors , faute d'expérience , que tout confifte à être pourvu de moyens ; dans cette idée , on fe livre à l'impéritie des prépofés qui ne peuvent prévoir , ni remédier aux inconvéniens , ou à la friponnerie des commis dont le but eft de profiter de l'ignorance de leurs commettans. Les opérations de la plus grande partie des entreprifes du Royaume font dirigées par des gens qui n'ont nulle connoiffance fur l'affaire qu'ils régiffent , & qui ont

ont paſſé leur jeuneſſe dans des bu-
reaux : ſi au contraire les Entrepreneurs uniſſoient avec les facultés
l'intelligence dans leurs entrepri-
ſes, ils appliqueroient leurs ſoins à
connoître, juſques dans les moin-
dres détails, l'objet de leurs établiſ-
ſemens : ils s'inſtruiroient de la
pratique œconomique de l'exploitation extérieure & intérieure ; ils
ne conſieroient la conduite de cette exploitation, qu'à des gens in-
ſtruits dans l'Art, & préféreroient
la qualité d'habiles Mineurs à toutes les autres. Eclairés ſur leurs
projets, ils ne feroient aucune ten-
tative vaine, & parviendroient à
un ſuccès utile pour eux & pour
le Public.

I

Ces Entrepreneurs feroient en état de donner des ordres pour l'amélioration de leur régie ; leurs Commis ne pourroient les tromper ; & , par une correfpondance exacte, ils feroient toujours les principaux agens de leur entreprife.

Il y a telles Compagnies dans le Royaume qui rifquent des fonds immenfes dans des affaires dont elles n'ont aucune connoiffance ; & qui de leur bureau donnent des ordres de régie & d'adminiftration prefque toujours déplacés , & fouvent contraires à la bonne manœuvre.

Il eft donc abfolument néceffaire de joindre l'intelligence dans l'entreprise, avec les facultés pour suivre cette entreprise ; autrement on seroit souvent forcé d'abandonner des Mines abondantes, plutôt par le défaut de cette intelligence que par celui de moyens.

F I N.

Ouvrage qui a pour titre : *Mémoire sur l'Utilité, la Nature & l'Exploitation du Charbon Minéral* ; s'il Nous plaisoit lui accorder nos Lettres de Permission pour ce nécessaires. A CES CAUSES, voulant favorablement traiter l'Exposant, Nous lui avons permis & permettons par ces Présentes d'imprimer ledit Ouvrage autant de fois que bon lui semblera, & de le vendre, faire vendre, & débiter par tout notre Royaume pendant le tems de *trois années* consécutives, à compter du jour de la date des Présentes. Faisons défenses à tous Imprimeurs, Libraires & autres personnes, de quelque qualité & condition qu'elles soient, d'en introduire d'impression étrangère dans aucun lieu de notre obéissance : A la charge que ces Présentes seront enregistrées tout au long sur le Registre de la Communauté des Imprimeurs & Libraires de Paris, dans trois mois de la date d'icelles ; que l'impression dudit Ouvrage sera faite dans notre Royaume & non ailleurs, en bon papier & beaux caractères, conformément à la feuille imprimée attachée pour modele sous le contre-scel des Présentes ; que l'Impétrant se conformera en tout aux Réglemens de la Librairie, & notamment à celui du 10 Avril 1725 ; qu'avant de l'exposer en vente, le Manuscrit qui aura servi de copie à l'impression dudit Ouvrage, sera remis dans le même état où l'Approbation y aura été donnée, ès mains de notre très-cher & féal Chevalier Chancelier de France, le Sieur DE LAMOIGNON ; & qu'il en sera ensuite remis deux Exemplaires dans notre Bibliothéque publique, un dans celle de notre Château du

Louvre, & un dans celle de notre très-cher &
féal Chevalier, Chancelier de France, le Sieur
DE LAMOIGNON ; le tout à peine de nullité des
Présentes : du contenu desquelles vous mandons
& enjoignons de faire jouir ledit Exposant & ses
ayans causes, pleinement & paisiblement, sans
souffrir qu'il leur soit fait aucun trouble ou em-
pêchement. Voulons que la Copie des Présentes,
qui sera imprimée tout au long au commence-
ment ou à la fin dudit Ouvrage, foi soit ajoutée
comme à l'Original. Commandons au premier
notre Huissier ou Sergent sur ce requis, de faire
pour l'exécution d'icelles, tous Actes requis &
nécessaires, sans demander autre permission, &
nonobstant clameur de Haro, Charte Normande,
& Lettres à ce contraires : Car tel est notre plai-
sir. DONNÉ à Versailles le treiziéme jour du mois
de Juin, l'an de grace mil sept cent cinquante-
huit, & de notre Regne le quarante-troisiéme.
Par le Roi en son Conseil.

Signé, LEBEGUE.

*Registré sur le Registre XIV. de la Chambre
Royale des Libraires & Imprimeurs de Paris,
Nº 363, fol. 324, conformément aux anciens
Réglemens, confirmés par celui du 28 Février
1723. A Paris le vingt-troisiéme jour de Juin
1758.*

Signé, P. G. LE MERCIER, Syndic.